喵懂 上册

碳中和

刘晓曼　陈聃 著
尧尹　陈聃 绘

U0287888

GUANGXI NORMAL UNIVERSITY PRESS
广西师范大学出版社
·桂林·

MIAO DONG TANZHONGHE（SHANG XIA CE）
喵懂碳中和（上下册）

出版统筹：李闰华　　　　　　美术编辑：刘淑媛
品牌总监：张少敏　　　　　　营销编辑：欧阳蔚文
质量总监：李茂军　　　　　　责任技编：郭　鹏
选题策划：李茂军　戚　浩　　特约编辑：刘　绚　冉卓异
版权联络：郭晓晨　张立飞　　特约封面设计：苏　玥
责任编辑：戚　浩　　　　　　特约内文制作：苏　玥
助理编辑：梁　缨

图书在版编目（CIP）数据

喵懂碳中和：上下册 / 刘晓曼，陈聃著；尧尹，
陈聃绘. -- 桂林：广西师范大学出版社，2024. 7.
（神秘岛）. -- ISBN 978-7-5598-7062-9

Ⅰ．X511-49

中国国家版本馆 CIP 数据核字第 2024DJ6655 号

广西师范大学出版社出版发行

（广西桂林市五里店路 9 号　邮政编码：541004
网址：http://www.bbtpress.com ）

出版人：黄轩庄
全国新华书店经销
北京尚唐印刷包装有限公司印刷
（北京市顺义区马坡镇聚源中路 10 号院 1 号楼 1 层　邮政编码：101399）
开本：720 mm × 1 010 mm　1/18
印张：18　　　　　　字数：180 千
2024 年 7 月第 1 版　　2024 年 7 月第 1 次印刷
定价：88.00 元（上下册）

如发现印装质量问题，影响阅读，请与出版社发行部门联系调换。

写给孩子们的话

当下，实现碳中和已经成为全世界共同努力的目标。但对不少人来说，很多与碳中和相关的问题还有待进一步普及和探讨。比如，碳中和是什么？为什么要实现碳中和？我国和世界其他国家为实现碳中和做了哪些工作？碳中和对我们的生活有哪些影响？……

碳中和是关乎每一位地球公民的大事。毋庸置疑的是：人类社会已经大步踏上了碳中和之路。对于青春年少的你们来讲，长大后很有可能生活在一个碳中和的世界里。畅想未来的"零碳"乃至"负碳"生活一定是美好的，但我想，更重要的是要告诉你们碳中和的世界是如何构建的，它有哪些运行准则，以及为实现碳中和，我们需要做哪些努力，付诸哪些行动。

2020 年，我国向世界庄严承诺：二氧化碳排放力争于 2030 年前达到峰值，努力争取 2060 年前实现碳中和。也就是说，作为世界上最大的发展中国家，我国承诺将完成全球最高碳排放强度降幅，用全球历史上最短的时间实现从碳达峰到碳中和。积极稳妥地推进碳达峰、碳中和，是我国推动构建人类命运共同体的责任担当。今天，我国已建成全球规模最大的清洁发电体系，其中，水电、风电、光伏、生物质发电和在建核电规模多年位居世界第一；全球一半以上的新能源汽车行驶在我国；我国首个海上二氧化碳封存示范工程，预计每年可将约 30 万吨的二氧化碳送到海底封存起来……创作本书的初衷，就是希望以生动有趣的形式向大家深入浅出地介绍与碳达峰、碳中和相关的知识。

能否实现碳中和并非只与工厂和企业相关，也与每个地球公民息息相关。2021 年，全球生产和生活总共排放的温室气体量达到了惊人的 545.9 亿吨二氧化碳当量，这个数字之大可能超出了很多人的想象。而在谈及碳中和相关问题时，这类数字可谓比比皆是，所以在创作这套书的时候，我们做了很大的努力，尽量用简明的数字形式对问题加以说明，更多地采用比喻、类比的方式对对象进行描述和说明，以使讲述更清晰、更生动。在此，要特别感谢我的搭档陈聃同学，她的创意在将硬核科学知识"软化"为有趣科普故事的过程中起了重要作用。

本套书的制作要特别感谢《一分钟扯碳》的老 C、中伍和小叶老师，书中的很多专业知识细节都来源于他们对专业报告的详尽解读和把握；此外，还要感谢刘绚和冉卓异两位编辑老师，她们全程耐心细致的工作，保证了本套书的稳步推进。

希望你们能喜欢这套关于碳中和的漫画读物。

刘晓曼
2023 年冬于北京

目录

第六章

节能减排,节的是什么能?   113

开篇

美丽的风光？

背后是冰川消融，北极熊被迫到陆地上寻找食物。

温馨的画面？

背后是山火频发，考拉失去家园。

愉快的游戏？

背后是因干旱而龟裂的大地。

对更多人来说，气候变化带来的直观感受是……

好热！

好热——！

好热——！

打住，说简单点！

好吧。

就是实现人为碳排放量≤人为碳移除量，达到净零排放的效果。

这么说不是很好吗，扯那么多听不懂的术语干吗？

那么，人类为什么会排放碳？
碳怎么移除？
移除了的碳能搁哪里？
碳中和对普通人的生活会有什么影响？
你能把这些都讲讲吗？

· 第一章 ·

碳中和是什么?

碳中和是什么意思？

如果把人为排放的碳比作你掉落的毛，

那么碳中和就像我们用吸尘器吸尘一样，人为排放了多少碳，我们就"吸走"多少碳。

碳中和：人为碳排放量≤人为碳移除量

全球变暖与温室气体的过量排放密切相关。为了控制地球升温的幅度，我们不仅要减少向大气中排放温室气体，还要想办法中和已经排放到大气中的温室气体。

碳中和并不是要求人类不排放温室气体，而是要求大家通过植树造林、节能减排等方式对人为排放的温室气体总量进行抵消，最终达到正负相抵的净零状态。这就要求我们，首先应该将每年超 500 亿吨 * 的温室气体排放量降到一个有可能被中和的量级！

*此处衡量温室气体排放量的度量单位采用的是二氧化碳当量。本书在叙述温室气体排放量时，如无特别说明，均以二氧化碳当量为单位。

碳中和的对象是谁呢？

就是我，二氧化碳！

还有我，甲烷！

还有我，氧化亚氮！

别忘了我们，含氟温室气体！

来点小鱼干

人为排放的温室气体主要有：二氧化碳、甲烷、氧化亚氮和含氟温室气体，其中二氧化碳是最常见、最主要的一种，同时它也是人为排放的温室气体中占比最大的一种（超过50%）。在大多数情况下，考虑到二氧化碳在温室气体中占据的重要地位，"碳中和"就成了"温室气体中和"的代名词，"碳排放"也被用来指代"温室气体排放"，而不仅仅是二氧化碳的排放。

温室气体大有用

* CO$_2$为二氧化碳的分子式。

就是这样变暖的。

来点小鱼干

　　以二氧化碳为代表的温室气体有一个很重要的功能——捕获和留存热量。它们就像覆盖在地球表面的一层厚棉被，能够将大地散发的热量稳定持久地留存，使地表温度不至于过低。当大气中温室气体含量增多时，被它们捕获和留存的热量也会增多，地球表面的平均温度也随之升高。并且，温室气体一旦进入大气中，就会留存很长时间。因此，人类今天排放出的海量二氧化碳，将会使地球暖化现象在未来相当长的时间内持续存在。

来点小鱼干

　　月球没有大气层保护，更没有温室气体存在，因此它的昼夜温差可达到惊人的 300℃，这也是月球上没有生命出现的主要原因之一。反观地球，在大气层，尤其是温室气体"坚持不懈"的努力下，即使是地表昼夜温差较大的沙漠地区，其昼夜温差值也只有 50℃左右。

　　地球如果没有了大气层和温室气体，那么地表温度将会下降到 -18℃。这是什么概念呢？现在大部分家用冰柜冷冻功能的温度通常就是 -18℃。如果地球变成一个大冰柜，人类还能生存下去吗？所以，在减排温室气体、控制全球升温幅度的同时，我们也应该看到温室气体具有不可替代的正面作用，它们是生命得以出现、生存和繁衍的大前提。

温室气体太多也不行

睁眼

　　大气中的温室气体越来越多，提升了地球"棉被"的保温效果。研究者监测到的数据显示，全球温室气体排放总量的变化与人类活动密切相关。1900 年全球温室气体全年排放总量为 81.8 亿吨；50 年后的 1950 年这个数字增长了将近一倍，达到 161.3 亿吨；很快，1950 年的这个数据仅用了 30 年便实现了再次翻倍，在 1980 年达到 329.5 亿吨。2021 年，全球温室气体全年排放总量已经达到 545.9 亿吨。如果我们把过去 100 多年的数据画成一条曲线，并将其与目前已经出现的地球升温幅度联系起来，可以发现两者关系密切。若照目前地球升温的速度，可以预计未来人类将生活在一个更为炎热的地球。

地球，温室大棚？

可真暖和啊！

*

温室气体

太阳加热地表，温室气体吸收地表散发的热量，像一个保温的大罩子，把热量留在了地球上空。

温室大棚也是运用这个保温原理，为植物的旺盛生长提供了有利的温度条件。

思 考

*本图为示意图，仅用于说明温室气体的作用。

当太阳光照射地球时，大气层会吸收、反射其中的一部分能量，另一部分能量穿过大气层，加热地表，地表散发的热量被温室气体捕获和储存，从而使空气升温。所以温室气体主要吸收的并不是直接来自太阳的热量，而是经地表"加工转化"后发出的热量。它就像一个单向阀门，一边放行让太阳的能量到达地表，一边又阻止地表热量散失并且积聚热量，这个原理与温室大棚类似，故人们将温室气体的这种作用命名为"温室效应"。

本来"温室效应"是一个描述自然现象的中性词，但随着人类社会步入工业化，空气中的温室气体变得越来越多，地球也因为温室效应变得越来越热，温室效应带来的问题逐渐变成一个困扰人类的大问题。

气温升高 1℃ 很严重吗？

来点小鱼干

研究表明，2022 年全球平均温度较 1850—1900 年的平均水平高出约 1.15±0.13℃。平均每排放 1 万亿吨二氧化碳，就会导致地球温度上升大约 0.45℃。这意味着，若按照 2021 年一年排放 545.9 亿吨温室气体的速度，在未来 60 年的时间里，地球温度就会再升高 1℃。

看待全球变暖这个问题时，我们应该将地球看成一个生命体。虽然这个 46 亿岁的生命体异常强大，但生活在其上的人类绝对扛不住全球变暖带来的一系列影响。

全球变暖，不只是升温

那你看看过去200年里地球上发生了什么。

你给我讲讲，地球升高1℃会怎么样……

冰川消融

森林火灾频发

高温热浪

低温寒潮

飓风灾害

既然如此……

拧

先用凉水洗澡吧，烧热水也会产生碳排放。

来点小鱼干

我们说全球气温升高 1℃时，指的是整个地球的平均气温的升高。因为地球表面约 71% 是海洋，吸收同样的热量，海水升温的幅度小于陆地，所以这就意味着，人类的主要栖息地——陆地的温度远远不止升高了 1℃。

地球升温造成的负面影响，正在全球范围内以各种不同的形式呈现，如干旱加剧、森林火灾频发、冰川融化、海平面上升、部分动植物灭绝、气候敏感性疾病加剧、病菌传播能力增强等。2023 年，联合国政府间气候变化委员会（IPCC）在发布的气候变化领域权威报告中列出了 127 个关键风险和 8 类代表性关键风险，这些风险提示人们，全球变暖影响的范围很广泛，气候变化所带来的后果也很严重。

全球变暖的影响（上）

全球变暖会导致海平面上升速度加快。

在 21 世纪的前 20 年里，海平面的上升速度是 20 世纪的 3 倍。

百年一遇的特大洪水，发生概率增加了 20%。

咕噜咕噜

这样一来，居住在沿海低海拔地区的人们将面临很大的生存风险。更重要的是……

来点小鱼干

　　由于交通便利、经济发达，低海拔（海拔 <10 米）沿海地区受到人们的青睐，全球每十个人中就有一个居住在这样的地区。而在全球变暖的影响下，低海拔沿海地区的人们将面临一个巨大的风险：海平面上升。20 世纪全球海平面平均每年上升 1.56 毫米。进入 21 世纪后，海平面上升速度已经提高到平均每年 3.07 毫米，未来甚至有可能会提高到平均每年 10 毫米以上。也许过不了多久，海水将淹没一些低海拔沿海地区。更为严峻的是，我们目前只能确定全球变暖带来的影响会日趋严重，却无法预知这种影响会严重到什么程度。也许最糟糕的情况不会来得那么快，但如果人类再不重视气候问题，不立即采取行动控制温室气体的排放量，那么气候突变随时可能来临。

全球变暖的影响（下）

全球变暖带来的影响是广泛而深远的，并不局限于冰山融化、海平面上升和部分动植物灭绝。在过去的几十年间，气候变暖导致的干旱让全球每一个用水行业都感受到气候变化带来的影响，占全球淡水使用量70%的农业部门的感受尤其明显。除去干旱，气候变暖还会导致病虫害频发，户外工作人员的劳动能力和动物的生长水平降低，肉类和奶制品的产量受到影响。从历史数据来看，即使把二氧化碳浓度上升能增强农作物的光合作用，从而促进农作物生长的有利因素考虑进去，气候变暖也依然带来了多种农作物产量下降、农产品质量降低的负面影响。虽然我们并不能完全肯定地说，这些变化百分百是由全球变暖引起的，但全球变暖确实增加了它们发生的概率。而且这些负面影响往往不是单独出现，而是相互叠加同时出现。

· 第二章 ·

碳从哪里来？

认识二氧化碳

您好！

地球诞生初期，我二氧化碳就存在了。

几十亿年间，我在地球大气中的含量时多时少，但总体来说我一直履行着保温的职责！

嗯，是这样的。

现在全球变暖这么快，是因为人类活动让我的排放量增加了。这可不能怪我啊！

好吧，原来如此！

温室气体并不完全是人为排放的，比如二氧化碳在地球诞生初期就存在于大气中。它在调节地表温度和促进植物生长方面起到关键作用，对地球生命来说，它是必不可少的存在。

虽然二氧化碳在大气中的含量一直起起伏伏——有特别少的时候，比如距今2万～1万年的第四纪大冰期末期；也有特别多的时候，比如距今1.45亿～6 500万年的中生代白垩纪的中期。但在过去的80万年间，这一含量仅在第一次工业革命后的200多年间出现了异常升高，除此之外，它一直稳定在200～300ppm*。有权威报告指出，目前全球变暖正是这200多年间人为排放过多的温室气体造成的，所以我们要中和的是哪些二氧化碳，你大概知道了吧？

*ppm是表示浓度单位的符号。比如200ppm表示1百万体积的气体中有200体积的某种气体。

二氧化碳的最大来源

别光忙着吃，你给大家说说人为排放的二氧化碳都来自哪里。

工业生产、交通运输、房屋建筑、农林生产、废物处理等。

因为这些活动需要燃烧化石能源获取能量，而化石能源在燃烧释放能量的同时会排放二氧化碳。

人为排放二氧化碳的 80% 以上都来自对化石燃料的使用。化石燃料主要包括煤炭、石油和天然气，它们燃烧时能够释放大量能量，同时也释放出大量二氧化碳（在产生相同热量的情况下，天然气的二氧化碳排放量是煤炭的 56%，是石油的 71%）。对化石燃料的大量使用开始于第一次工业革命期间，时至今日它们仍在人类社会文明、技术、经济的发展中起关键性作用。化石燃料的身影在日常生活中可谓无处不在，随着经济的不断发展和人口数量的不断增长，化石燃料的使用量也急剧攀升，如此便出现了温室气体的过量排放，从而造成全球变暖。

减碳，我们要减少呼吸吗？

碳中和与我们息息相关，需要每个人的参与。

动物呼吸会排放二氧化碳。

不过，呼吸产生的二氧化碳排放并不在碳中和考虑的范围内！

太吵了！

等等，你的爪子刚刚是不是刨过💩？

来点小鱼干

　　动物吸入氧气，呼出二氧化碳，作为高等动物的人类也不例外。按每人每天排放 0.9 千克二氧化碳计算，全球 80 亿人只呼吸这一项，一年的二氧化碳排放量就约为 26 亿吨。这么多二氧化碳要怎么减排、怎么中和呢？难道让大家都屏住呼吸吗？

　　答案是，这部分二氧化碳无须中和。这是因为在地球的"大气—植物—动物—大气"生态循环系统中，二氧化碳是平衡的。我们呼出的二氧化碳中的碳元素来自食物，而所有食物无论荤素都来源于植物，植物体内的碳元素又是通过光合作用从大气中获得的，所以，动物通过呼吸排放到大气中的二氧化碳，其实来自植物从大气中吸收的二氧化碳。可以说，这部分二氧化碳已经是"中和"过的。

碳在自然界的无限循环

日间，植物吸收空气中的二氧化碳。

食草动物吃植物。

食肉动物吃食草动物。

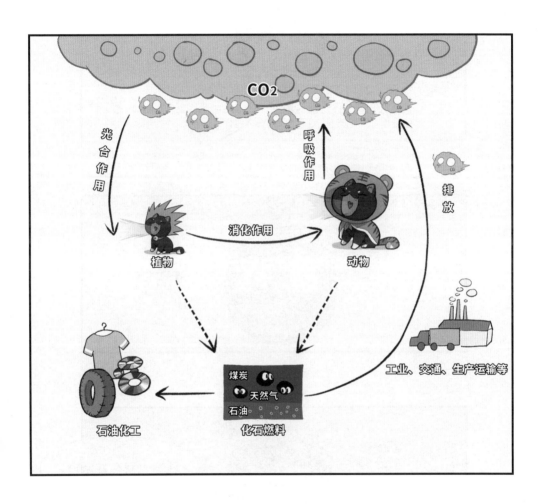

你死了，我怎么办啊？

别怕，我有九条命。

来点小鱼干

碳以各种形态遍布地球的每个角落，并在陆地、海洋，大气和生物间不停地循环，这一循环被称作自然界的"碳循环"。二氧化碳是碳循环发生的主要载体，陆地和海洋中的植物吸收和固定大气中的二氧化碳，生物生长过程和生物的活动又将二氧化碳排放回大气中。在正常情况下，两者应该体量相当，即自然界的碳循环应当处于大致平衡的状态。在第一次工业革命开始前的几千年间，地球大气中的二氧化碳浓度维持在 280ppm 左右。这部分二氧化碳本身存在于地球大气中，是不需减排、不能减排的。

地球上的四大碳库

植物通过光合作用吸收、固定空气中的二氧化碳。这株植物也为陆地碳库的植被碳库贡献了力量。

能说点新鲜的吗？

陆地碳库中固碳能力最强的是土壤，土壤碳库的碳储量大约是植被碳库的2倍！

①大气碳库

②陆地生态系统碳库

③岩石圈碳库

④海洋碳库

来点小鱼干

碳在陆地、海洋、大气和生物间循环传递，同时也能够被储存或固定，那些可以储存、固定碳的地方，我们称为碳库。地球上主要有四大碳库：大气碳库、陆地生态系统碳库、岩石圈碳库和海洋碳库。由于人类大量使用化石燃料，大量释放了岩石圈碳库中本可以存储上千万年的碳，使得大气碳库的碳含量急剧上升，进而导致全球变暖。

然而，大气碳库只能算是四大碳库中的小弟。在我们脚下，陆地生态系统碳库中仅土壤的碳储量就是大气碳库的 2 倍之多——植物通过光合作用固定的碳，有一部分就储存在这里。然而人类活动导致全球变暖，带来了野火的发生强度和频率显著增加，加剧了植被被大面积损毁，造成土壤中储存的碳大量向大气中释放，这又会进一步促进全球变暖。

跟不上人类节奏的碳循环

是时候"抓住"空气中的二氧化碳了！

来点小鱼干

　　第一次工业革命开始后，人类活动一方面极大加速了地层深处的碳库存进入大气的过程，另一方面过度砍伐树木，导致地球的碳清除能力降低。1万年前，6千多万平方千米的森林大约覆盖了地球陆地面积的57%。到了2018年，这个百分比下降到38%。全球消失的森林面积大约相当于两个美国的面积。

　　为了实现碳中和，我们一方面需要通过技术手段从源头降低人为碳排放量，另一方面要通过植树造林提高生态系统的碳清除能力。专门为碳中和而生的碳捕获和封存技术，就是一种人为的碳清除技术。

人类"发家史"和碳排放

古代

碳排放：

1750年

碳排放：

1950年

碳排放：

来点小鱼干

　　人类出现在地球上已有数百万年之久，在 99.9% 以上的时间里，人们日常生活所需能量的运用，比如人力、畜力和自然力的运用，并不涉及大规模的碳排放过程。随着蒸汽机的发明和第一次工业革命的进行，对能源的大规模需求促使人类开始大量使用一类全新的能源——化石能源。虽然对化石能源的大规模使用造成了全球变暖的负面影响，但这并不能抹煞化石能源在推动人类社会文明、科技、经济发展中所起的重要作用。在碳中和进程中的可用能源选项里，化石能源的身影也将长期存在。

暴增的二氧化碳浓度

大气中二氧化碳的浓度并非一成不变。在公元前80万年~公元元年这80万年的时间里，大气中的二氧化碳浓度增加了33%。

周期性波动

在公元元年~1760年 （第一次工业革命前）这1 000多年里，大气中的二氧化碳浓度基本没变。

稳定

1760年~2021年，二氧化碳的浓度在不到300年的时间里急速增长了50%。

急速增长

你们用不到300年的时间，达到了自然界80万年都没达到的"碳浓度"！

可不可以让我安静地织会儿毛线？

来点小鱼干

公元前 80 万年～公元前 1 万年，大气中二氧化碳的浓度在 200～300ppm 持续波动。公元前 1 万年～1760 年（第一次工业革命开始前），大气中二氧化碳浓度的波动幅度很小，长期稳定在 280ppm 左右。随着第一次工业革命开始，在经济、人口增长等因素的驱动下，人类长期大量消耗化石能源，导致二氧化碳持续过量排放至大气中。1909 年大气中二氧化碳的浓度突破 300ppm，2015 年突破 400ppm，2023 年突破了 420ppm。只用了不到 300 年时间，人类就将二氧化碳在大气中的含量提升了 50%。这种增长速度在第一次工业革命前的 80 多万年间从未出现过。

人类一年要排放多少碳？

2021年全球二氧化碳排放量为371.2亿吨。

光说数据谁会懂？

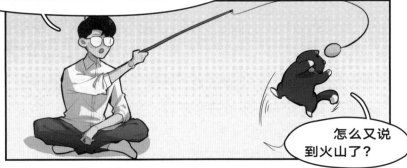

地球上500多座活火山每年的二氧化碳排放量约为3~4亿吨。

怎么又说到火山了？

类比一下，人类每年排放的二氧化碳量几乎为5万座活火山的排放量，懂了吗？

来点小鱼干

　　人类对于自身排放碳是否真能导致全球变暖这个问题，曾经有过很大的争议。而且在相当长的一段时间里，正反双方各执一词僵持不下。反对派的主要观点是：变暖是地球气候变化的周期性体现，没必要因为处于"冷暖交替期"而大惊小怪。但如果我们将人为碳排放与火山碳排放的体量比较一下就能看出，人类对自然生态系统的影响绝对不容小觑。科学家推断，6600 万年前墨西哥尤卡坦半岛遭遇了希克苏鲁伯火流星的撞击，这次撞击导致了包括恐龙在内的地球上 75% 的生物灭绝，释放的 1.4 万亿吨二氧化碳使地球的大气成分发生了变化。而在过去不到 200 年的时间内（1850 ～ 2021 年），全球人类活动向大气中排放的二氧化碳总量已经超过了这一数值，达到 1.7 万亿吨。

第三章

温室气体家族

温室气体家族成员

来点小鱼干

　　温室气体是一个大家族，我们通常说的温室气体排放量，指的是二氧化碳、甲烷、氧化亚氮和含氟温室气体的总体排放量。其中二氧化碳的排放量大约占 72.6%，由此可知，二氧化碳是温室气体家族当之无愧的"大哥"。居排放量第二的是甲烷，约占 19%。居排放量第三位的是氧化亚氮，约占 5.5%。最后是占比约 2.9% 的含氟温室气体。你知道吗，每种气体制造温室效应的能力是不一样的！

大哥和小弟，谁更"暖"？

我们用增温潜势来评价温室气体对气候变化影响的相对能力。在100年的时间尺度上，如果二氧化碳的增温潜势是1，那么甲烷、氧化亚氮、六氟化硫的增温潜势分别为28、273、25 200。

1×甲烷 = **28×二氧化碳**

1×氧化亚氮 = **273×二氧化碳**

1×六氟化硫 = **25 200×二氧化碳**

注：本页温室气体的增温潜势值援引自IPCC 2021年第一组工作报告的数据。本书在叙述温室气体的增温潜势时，如无特别说明，均以该报告的数据为准。

我好热！

来点小鱼干

　　从单一分子的对比来看，很多温室气体捕获热量的能力远超二氧化碳，排放等质量的二氧化碳和甲烷，升温效果是不同的。在考虑了不同温室气体制暖效果和在大气中的停留时间等因素后，科学家们选择以"全球增温潜势（GWP）"来定义这些差异。比如，排放 1 吨甲烷在未来 100 年间对全球变暖的影响，与排放 28 吨二氧化碳相当，那么甲烷的 GWP100 就等于 28。全球升温潜势还用于将各种温室气体的排放量折算为相应的二氧化碳的排放量，比如排放 1 吨甲烷，也可以被认为排放了 28 吨二氧化碳当量。你看，二氧化碳不仅在温室气体中占比大，而且它也是用来衡量温室气体制造温室效应的能力的标准单位——人们规定它的增温潜势为 1。

我的毛要被你烧没了！！！

甲烷在全球温室气体的排放占比中位列第二，仅次于二氧化碳。二氧化碳排放的主要来源是化石燃料燃烧，而甲烷排放的主要来源是农业。据统计，2020 年全球排放的 101.3 亿吨甲烷中，有 35.4 亿吨来自农业，其中源于反刍动物（牛、羊等）打嗝放屁的排放占了大部分。

牛的胃构造比较特殊，与人只有一个胃室不同，牛有四个胃室，其中一个叫作"瘤胃"的胃室中含有能够帮助牛消化食物、优化能量利用的微生物——产甲烷菌，这种菌会产生甲烷。虽然对于人类来说，牛排放甲烷是个需要解决的问题，但对于牛来说，产甲烷菌帮助其消化却是进化过程中精心保留下来的功能。

除去农业，在石油和天然气开采过程中，气体泄漏也是甲烷排放的来源之一，我们称之为"散逸性排放"。

牛放屁要付费？

乱停车，吃我一张罚单！

闯红灯，再吃一张！

再吃一张！

?? ????? ???

因为你放屁排放甲烷啊！

来点小鱼干

甲烷虽然是温室气体界的二当家，但在全球排放的折算量仅为二氧化碳排放量的 1/4。虽然每年因牛等反刍动物打嗝、放屁排放进入大气的甲烷量高达 28 亿吨二氧化碳当量，但目前并没有针对此项排放的收费。然而在不久的将来，新西兰可能会成为全球第一个让农民为牲畜排放温室气体付费的国家。这是因为新西兰是农牧业大国，在其排放的温室气体总量中，甲烷的占比竟然与二氧化碳相差无几。2021 年新西兰全国温室气体排放量为 6 886 万吨二氧化碳当量，其中占比 53% 的甲烷，主要来自畜牧业。显然，牛等反刍动物打嗝、放屁排放的甲烷，已经成为新西兰实现碳中和目标需要首先解决的问题。

养牛也会造成碳排放

人类需要更多的牛奶和牛肉。

人类大肆砍伐森林建造牧场。

来点小鱼干

　　每头牛每天通过打嗝、放屁向大气中排放大约 5 千克二氧化碳当量的甲烷。据 2021 年的统计数据可知，全球大约有 15.3 亿头牛，它们全年排放的甲烷量占该年度全球温室气体总排放量的 5%。但养牛对全球变暖的影响，可不只打嗝、放屁这么简单。养牛通常需要大片牧场，人为建造牧场的最直接手段就是砍伐森林。森林是天然碳库，能够有效吸收和固定大气中的二氧化碳。所以，砍伐森林相当于在助长碳排放。在巴西，每年为了养牛而砍伐森林造成的碳排放量就达到近 5 亿吨。为了让牧场长出更多的草，还需要频繁施肥。而施肥过程也会产生碳排放，那么，你知道施肥产生的是哪几种温室气体吗？

来自农田的温室气体

喜悦也可能不只是因为丰收，
还因为······

来点小鱼干

　　氧化亚氮的全球排放量在所有温室气体排放量中排名第三，它是一种无色、有甜味的气体。人吸入氧化亚氮后，脸部肌肉会失控，会不由自主地形成笑容，因此这种气体也被称为"笑气"。氧化亚氮的排放很大部分来自工业生产过程和农业生产过程，因此其在大气环境中的浓度与人类活动关系很大。在 100 年的时间尺度上，氧化亚氮的增温潜势 GWP100=273，即排放 1 吨氧化亚氮对全球气候变暖的影响，与排放 273 吨二氧化碳的影响相当。

来自企鹅大便的温室气体

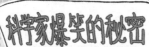

企鹅好可爱哦，谁看到都会心情好吧。

他们笑可能并不是因为企鹅可爱，而是因为企鹅的大便。

企鹅的大便含有让人发笑的气体——氧化亚氮。

别看我乐呵呵的，我可难受了。

来点小鱼干

随着生活水平的提高，人们对肉蛋奶等营养物质的需求也在不断增长。在农业、畜牧业、水产养殖业迅速发展的同时，动物排便释放的氧化亚氮也在与日俱增。动物粪便中的氮有两个来源，一个是未消化的饲料蛋白，一个是动物自身新陈代谢产生的含氮废物。动物粪便中的氮元素经硝化和反硝化作用，会产生温室气体氧化亚氮。除人类饲养的家禽家畜外，南极洲的企鹅也会通过排便加入温室气体排放队伍。由于企鹅喜欢的食物——磷虾和鱼中都含有大量的氮，企鹅的粪便中也就富含氮。氧化亚氮虽然被叫作"笑气"，但它进入人体血液后，会造成人体缺氧，损伤神经系统导致人出现幻觉。

让人类又冷又热的含氟温室气体

不如来一场制冷大PK!

来点小鱼干

　　含氟温室气体是分子中含有氟原子的温室气体的统称，包括氢氟碳化物、全氟化碳、六氟化硫等。它们的整体排放体量并不大，但增温潜势极其惊人。比如，六氟化硫的增温潜势就达到了惊人的 25 200，即排放 1 吨六氟化硫对全球气候变暖的影响，与排放 25 200 吨二氧化碳的影响相当。

　　含氟温室气体全部是人造产物。比如，氢氟碳化物曾被广泛用作冰箱、空调的制冷剂。全氟化碳在半导体和电子产品制造过程中经常使用。六氟化硫被广泛用作制造高压绝缘介质材料。这些含氟温室气体在制造之初都有积极的用途。可一旦它们排放到大气中，不仅造成了极其严重的温室效应，还会持续破坏地球生命的保护伞——臭氧层。

臭氧杀手
——氟氯碳化物

臭氧层就像这把遮阳伞，含氟温室气体如果泄露，破坏了臭氧层，那么后果会很严重。

影响可大了，不信你等着瞧。

看起来对你也没啥影响嘛。

一个夏天过去了。

看，这就是没有臭氧层的代价！

这下我知道了。

来点小鱼干

　　氟氯碳化物是温室气体的一种，它还有另一个广为人知的名字：氟利昂。氟利昂有很多优点：稳定性高、无毒害、不易燃、不助燃，一度被认为是最安全的制冷剂，在工业和日常生活用品（压缩喷雾、清洁剂、冷冻剂、发泡剂、抗凝剂）中广泛使用。然而，正是因为氟利昂太过稳定，一旦其排放到大气中，便会一直稳定地存在，直至上升到平流层的高度后，它才会被分解。在被分解的过程中，氟利昂会消耗大量臭氧，这也是如今南极上空形成了大面积的臭氧空洞的原因之一。对地球生命而言，臭氧层就像一把大大的保护伞，吸收和阻挡过量的太阳紫外线。为了避免臭氧层被破坏的现状进一步恶化，国际社会于 1987 年签署了《蒙特利尔议定书》，决定在工业生产和日常生活中逐步淘汰氟利昂。

不可小觑的氢氟碳化物

好小的一只哦！

真是小小的一只呢！

我和氢氟碳化物有得一比，
我们的个头都是小小的。

其实，威力巨大！

来点小鱼干

　　氢氟碳化物是一类含有氢、碳和氟的温室气体的统称，最初是作为氟利昂的替代品出现的。由于氟利昂中的氯元素会破坏臭氧层，所以当时采用以氟或氢替代氯的方式消除这种负面影响。然而随着科学技术的不断发展，人们发现氢氟碳化物虽然对臭氧层没有破坏作用，却具有极高的全球增温潜势，其威力是二氧化碳的上千倍。比如，主要用于汽车空调制冷剂的四氟乙烷的增温潜势就达到了1 530。如今，氢氟碳化物是唯一一个被两大气候变化公约——《京都议定书》和《蒙特利尔议定书》共同明确要求管控的温室气体！

· 第四章 ·

全球变暖：
从发现到应对

发现全球变暖，并确定这一现象与人类活动有关，其实经历了一个漫长的过程。

全球变暖发现史

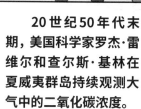

20世纪50年代末期，美国科学家罗杰·雷维尔和查尔斯·基林在夏威夷群岛持续观测大气中的二氧化碳浓度。

他们发现，海洋无法吸收人类活动排放的所有二氧化碳，因此大气中的二氧化碳浓度可能会持续升高。

1975年，美国科学家华莱士·布洛克发表论文指出，"自然变冷掩盖了二氧化碳引起的升温，一旦自然变冷终止，二氧化碳引起的升温就将显现"。

他还预测："到21世纪初，地球平均温度将超过近1 000年来的极值。"

20世纪80年代初期，虽然气候变化和全球变暖已经进入科学家们的研究范畴，但相关讨论主要局限于学术圈内部。

1984年，英国科学家在南极上空发现了一个面积接近美国国土面积的臭氧空洞。后被证实其出现与人类活动导致的大量氟氯碳化物——氟利昂的排放有直接关系。

于 是

联合国政府间气候变化专门委员会（IPCC）成立。

IPCC

应对气候变化，谁说了算？

因为我是——

来点小鱼干

联合国政府间气候变化专门委员会（IPCC）成立于 1988 年。最初它的职能是收集和整理气候变化领域相关的科学文献材料。而在 1992 年《联合国气候变化框架公约》（简称 UNFCCC）通过后，IPCC 更多是为 UNFCCC 的谈判服务提供支持。经过 30 多年的发展，IPCC 的工作职能发生了很大的变化，它不仅成为全球应对气候变化领域的绝对权威，也在很大程度上教育人们学会尊重科学。而 IPCC 定期发布的气候变化工作报告，已成为全球科学研究、政策制定，乃至国际谈判的重要依据。

"大作家" IPCC

第一次气候评估报告

气……气候变化问题，请大家注意一下。

第二次气候评估报告

近百年全球气候变化**可能**与人类活动导致的温室气体排放有关。

第四次气候评估报告

全球变暖**非常可能**是由人为排放的温室气体增加造成的。

第五次气候评估报告

人类活动**极有可能**导致了 20 世纪 50 年代以来全球大部分地区地表平均温度的升高。

毫无疑问，全球变暖几乎可以全部归因于人类活动排放的温室气体。

第六次气候评估报告

来点小鱼干

　　IPCC 的工作中有一项是收集和整理气候变化领域的相关信息和知识，每隔几年它就会发布一份气候变化评估报告。纵观已经正式发布的 6 份报告，我们不难看出，IPCC 在组织全球科学家共同参与气候变化相关研究，以及努力推动各国政府介入科学评估评审过程中所发挥的不容忽视的作用，它俨然已成为一个处于科学和政治交界处的独特机构。在 2023 年最新发布的第六次评估报告中，IPCC 以科学严谨的态度，确认了人类活动在气候变暖方面的重大影响。

《京都议定书》

《京都议定书》是历史上第一个有法律效力的、限制温室气体排放的文件。

该文件按照发达国家的工业化程度，为它们设定了不同的温室气体减排目标：欧盟8%、美国7%、日本6%、加拿大6%……

《京都议定书》还规定，到2010年，发达国家温室气体排放量要比1990年减少5.2%。

该文件没有对发展中国家和地区规定减排或限排义务。

你们先去哈，我们经济发展起来了就跟上。

来点小鱼干

自 1995 年起，每年 UNFCCC 都会召集所有签署公约的国家开一次大会，这个大会叫缔约方大会（简称 COP。2020 年因全球新型冠状病毒感染疫情，COP 推迟一年召开）。大会的职能是监督和评审《联合国气候变化框架公约》的实施情况。截至 2022 年，COP 已经召开了 27 次，其中在 1997 年和 2015 年的会议上分别通过《京都议定书》和《巴黎协定》，这是人类在共同应对气候变化过程中取得的两个历史性的成果。

《京都议定书》是 1997 年在日本京都召开的第三次缔约方大会上通过的。这份协议是继 UNFCCC 后全球在共同应对气候变化道路上的又一个里程碑式的协议，也是人类首次以法规形式限制温室气体的排放。签署该协议的国家被分为发达国家和发展中国家，发达国家有强制减排任务，而发展中国家虽然没有强制减排任务，但有责任协助发达国家减排。也就是说，发达国家的减排量中，有一部分可以通过帮助发展中国家减排来实现。这种异地减排方式，将无形的碳变成了一种可以买卖的商品，催生了此后碳市场的诞生。

清洁发展机制（CDM）
——让协议落地

CDM 允许发达国家通过资助低收入或中等收入国家的碳减排项目来部分实现其碳减排目标。

比如，发达国家到发展中国家投资修建风电场，发达国家获得了减碳量，发展中国家获得了建设风电场的技术和资金。

来点小鱼干

清洁发展机制（CDM）是《京都议定书》中收录的一种灵活完成减排目标的方式。简单来说，就是发达国家提供技术和资金，在发展中国家建设能够实现碳减排的项目，产生的减排量用于抵消发达国家承诺的减排量。为什么要在发展中国家投资减排项目呢？这是因为，同样的投入，在生产方式粗放、能源利用率较低的发展中国家能够产生更高效的减排。全球大气是一个整体，在哪里减排都可以降低温室气体的浓度，所以清洁发展机制其实是一种"双赢"机制，既让发达国家有更多途径实现减排承诺，同时也为发展中国家提供了更多的高新技术、资金的支持和发展机遇。

一波三折的《巴黎协定》

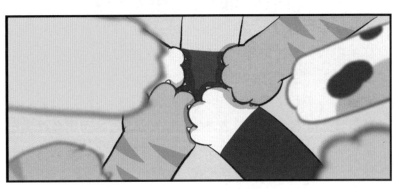

来点小鱼干

　　《巴黎协定》是继《京都议定书》之后，全球达成的又一份具有法律约束力的气候协议，它奠定了 2020 年后全球气候治理的整体格局。《巴黎协定》是在 2015 年 12 月于《联合国气候变化框架公约》第 21 次缔约方会议（COP21）即巴黎世界气候变化大会上通过的，2016 年 4 月全球近 200 个国家在美国纽约联合国总部签署了该协议。

　　《巴黎协定》最重要的贡献是让几乎所有国家都根据自身国情提出减排目标，真正做到了举全球之力解决全球变暖问题。此外，《巴黎协定》首次提出了与前工业化时期相比将全球平均温度升幅控制在 2℃ 以内，并继续争取把温度升幅限定在 1.5℃，这也成为全球各国制订碳中和目标时的一个重要控排依据。

改变，也要适应

2021 年，非洲的温室气体排放量仅占全球的 8.7%。

但非洲受气候变化所带来的影响极大。

埃塞俄比亚、肯尼亚和索马里等地正处于几十年来最长久的干旱中。

而在苏丹等国，反常的连续雨季使农业减产，加重了这里的粮食危机。

明明距离这么近，

旱的旱死，涝的涝死。

来点小鱼干

　　适宜的气候是人类生存必不可少的条件，气候变化也是影响人类社会发展进程的重要因素。比如，由气候变化引发的干旱、洪涝等问题，从古至今都是人类社会不得不面对的严峻挑战。气候变化对人类的影响无疑是巨大的，但人类的适应能力和复原能力同样值得惊叹。2022 年 11 月，《联合国气候变化框架公约》第 27 次缔约方大会在埃及沙姆沙伊赫市召开。本届大会的一个主要议题就是"适应"——探讨人类在无法立刻使全球停止变暖的情况下，如何与气候变化带来的后果共存。而本次大会之所以选在非洲举办，正因为这里是碳排放量较低、气候变化影响却较为显著的地区，这里需要全世界的协助来加快其适应气候变化的脚步。

碳达峰

各种减排手段都用上了，怎么碳排放量还在上升呢？

因为人类短期内无法完全摆脱对化石能源的依赖，而生活水平的提高又会消耗更多的化石能源。

原来，这是一个数学问题，增长率降低了，可整体排放量还在增长。

节能减排真是任重道远啊。

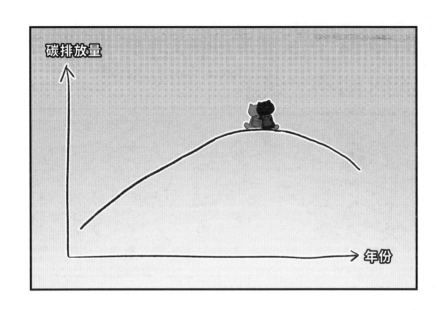

　　"碳达峰"是一个经常与"碳中和"同时被提及的概念，它指的是某个地区的温室气体排放量在某一年达到历史最高值，此后不再增长而进入逐年下降的状态。碳达峰是温室气体排放量由增转降的拐点，也是实现碳中和的基础和必经之路。一个高质量的达峰过程，应该表现为一条年排放量上升幅度越来越小的曲线。它的表现就像一个安全的刹车过程，在不影响社会正常发展的前提下，为化石能源退出历史舞台、新能源的普及，以及新技术的研发创造一个良好的缓冲过程。

为何每个国家实现碳达峰的时间不一？

我排得早，减排也早，已经实现碳达峰。

英国，第一次工业革命的发源地，排碳历史大约有250年。

我有丰富的天然气资源。

我拥有丰富的风能资源。

　　我们说目前全球平均气温已经增加 1.1℃ 的时候，应当看到这是工业革命以来累积的碳排放所导致的。而如今一些碳排放大国，在历史上的碳排放量并不高。1800 年之前，全球 99% 以上的人为碳排放来自第一次工业革命发源地英国。截至 1882 年，全球 50% 的累计碳排放量都来自英国。而英国同时也是世界上第一个开始碳减排的国家，其于 20 世纪 70 年代实现碳达峰。美国是第二次工业革命的引领者，工业的飞速发展导致其成为迄今为止全球累计二氧化碳排放量最多的国家。美国通过调整能源结构、在车用燃料中添加生物燃料、广泛使用碳排强度低的天然气等措施，于 2007 年实现碳达峰。截至 2021 年，全球已经实现碳达峰的 50 多个国家，大部分都是发达国家。

· 第五章 ·

实现碳中和要怎么做？

最直接的减排手段

来点小鱼干

　　大到人类文明的进步，小到我们个人的生活，都离不开能源的支撑。2021 年，全球消耗的 82% 的一次能源是化石能源（煤炭、石油和天然气），而燃烧化石能源是造成温室气体排放的主要原因。显然，我们不可能在一朝一夕之间大幅降低化石能源的使用量，那么节约使用能源以及提高能源的使用效率，就成为最直接的减排手段。比如：关停能耗大、效率低的小型燃煤机组；提升建筑的保温效果，让暖气或冷气在室内停留的时间更久；使用同等能耗下更亮、使用寿命更长的 LED 灯泡；等等。不过，光靠节流是无法实现全球温室气体排放量净零的。

冉冉升起的新能源

　　1800 年，全球能源的 99% 来源于木材、农作物废料和木炭。随着第一次工业革命开始，化石能源以惊人的速度崛起，时至今日仍然是全球能源的主要来源。然而今天，当提到能源时，除了化石能源，我们还会想到太阳能、风能、水能、核能等。多样化的能源一直存在，但被人类成规模地利用，却是在应对气候变化、降低碳排放的背景下才出现的。以发电行业为例，目前全球 60% 以上的电力来自无减排措施的煤炭、石油和天然气发电。而在国际能源署对未来电力行业发展的规划中，2050 年全球发电量的 90% 将来自可再生能源发电，其中太阳能和风能将成为电力供给的主力军。用可循环的再生能源替代不可再生的化石能源是从根本上控制碳排放的关键所在。

把二氧化碳"抓"起来

自然条件下，绿色植物通过光合作用吸收空气中的二氧化碳。

如果植物吸收不过来呢？

我们可以人工吸收！

用人工手段将二氧化碳从排放源中分离并捕获，也就是把空气中的二氧化碳"抓"起来。

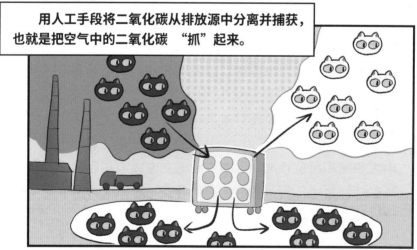

来点小鱼干

　　无论我们如何节能减排、使用其他能源，总有些碳是不得不排放的，而通过植物光合作用来控制大气中二氧化碳浓度的自然方式又不够高效，于是一种人工手段应运而生，这就是二氧化碳捕集、利用和封存（简称 CCUS）技术，它是一项专门为碳中和而研创的高新技术。它对排放源中的二氧化碳实施分离、捕获，再对其封存或加以利用，以实现二氧化碳的减排。从某种意义上说，没有 CCUS 的碳中和不是真正的碳中和。这是因为，总会有一些碳排放是不得不产生的，而 CCUS 技术就是最后的"清零"技术。2022 年利用 CCUS 技术实现的全球碳捕集量超过 4 500 万吨，而在国际能源署的预计下，2050 年这一数字将达到 76 亿吨。

捕集来的碳怎么用？（上）

二氧化碳被用于：

金属冶炼

灭火器

舞台烟雾

二氧化碳可以用来生产冻干猫粮吗？

来点小鱼干

　　通常情况下，二氧化碳是以无色无味的气体形态存在的，因为对它的其他形态不太熟悉，所以我们往往忽视了它的存在。其实，二氧化碳的用途非常多，比如，能在舞台上制造烟雾和投放到云层里能降水的是固态的二氧化碳——干冰。在食品行业中，二氧化碳可以作为制造汽水的原料，也可以冲入袋装薯片里，起到防霉、防腐和保鲜的效果。那我们可以把捕集到的二氧化碳用在生活中吗？答案是：目前还不行。因为目前 CCUS 技术的成本非常高，通过它制得的二氧化碳的价格大概是普通方法制得的 10 倍以上，如果用在生活中实在是大材小用了，但在某些领域中则大有用处。

捕集来的碳怎么用？（下）

气态的二氧化碳被注入地下到达一定深度时，会变成液体，体积也大大缩小。

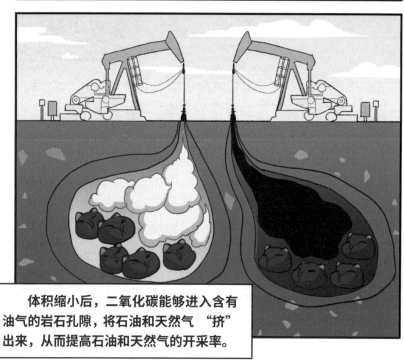

体积缩小后，二氧化碳能够进入含有油气的岩石孔隙，将石油和天然气"挤"出来，从而提高石油和天然气的开采率。

溶于地层水的二氧化碳还会与岩石发生矿化反应，以矿物形式储存，从此被封存在地下。

你们怎么脏兮兮的？

今天表演的地下戏有点多。

来点小鱼干

　　CCUS技术是实现大规模温室气体减排的重要技术手段。目前大多数正在进行的CCUS项目集中在两方面的应用上：一方面是将捕获的二氧化碳注入合适的地层深处进行地质封存；另一方面是将其作为油气矿藏开发的"采油工"，起到提高油气开采率的作用。在深度超过800米的地质条件下，二氧化碳将以超临界状态存在，密度接近水。这是二氧化碳可以规模化封存的基础。留在岩石缝隙中的二氧化碳通过与地层岩石矿物的化学反应，产生矿物沉淀，进而长久留存于地下，实现了地质封存中最具永久性和安全性的矿化封存。二氧化碳融于原油后能够降低原油黏度、提高原油流动性、增加油层压力、延长油田的生产寿命，这种技术被称为二氧化碳强化采油（CCUS-EOR）。

碳交易市场（上）

　　碳交易起源于《京都议定书》中的清洁发展机制，进行碳交易的场所就是碳市场。与菜市场类似，碳市场也是开展买卖活动的中介场所，但与菜市场交易食物不同，碳市场交易的是碳，并且碳市场的运行规则完全是人为设定的。按照目前使用得最多的碳交易类型，碳市场的商品是碳排放配额，交易主体是要进行碳排放的企业。每个交易主体都有一个被允许排放的初始配额，这个配额的计算方法目前多采用基准线法，也就是向行业碳排放强度先进值看齐。当初始配额和其他抵消碳排放的方式用完之后，企业就需要到碳市场购买排放碳的配额，以使自身造成的额外碳排放清零。

碳交易市场（下）

这样大家就知道碳交易市场是怎么交易的了。

我出的价格高，卖给我！

卖给我！

55 53 57 53 56

买方市场

卖方市场

价高者得。

我，我！

卖 100吨

你给大家说说，都是碳排放量，怎么价格差那么多？

这就跟我们平时买东西一样，买的人多了，价格就上去了；卖的人多了，价格就下来了。供需关系影响价格。

来点小鱼干

　　我国碳市场的发展可划分为两个阶段：第一阶段为地方试点阶段，2011 年，我国在深圳、上海、北京、广东、天津、湖北、重庆七个省市进行了碳排放权交易试点运营，2016 年增加福建为第八个试点工作区域；第二阶段为全国运行阶段，2021 年 7 月，全国统一碳排放权交易市场正式启动。目前，地方碳市场已覆盖钢铁、电力、水泥等 20 多个行业，全国碳市场只覆盖了电力行业。参与了全国碳市场交易的企业不再参与地方碳市场交易。地方碳市场还将和全国碳市场并行一段时间，继续发挥其推动地方碳减排的作用。碳市场具有金融属性，因此我国碳市场价格机制建立的原则是由市场供求决定价格。

你要买碳吗？

世界上有许多个碳交易市场。

欧盟的碳价这么高，去那边卖碳能发财吧？

我们的碳市场是不对外的。

碳市场分为三种：

单向链接

双向链接

间接链接

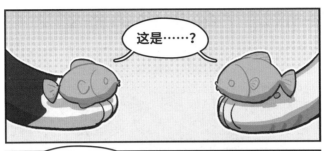

来点小鱼干

自 2005 年清洁发展机制诞生以来，全球已经有 33 个运行中的碳市场。这其中有超国家级碳市场，比如欧盟碳市场；有国家级碳市场，比如中国碳市场；有州或省级碳市场，比如美国加利福尼亚州碳市场；还有城市级碳市场，比如我国的地方碳市场。然而同一个地球上的碳市场，彼此之间却不一定是互通的。碳市场链接一般有三种类型：单向链接、双向链接和间接链接。只有双向链接的碳市场之间，才可以相互购买对方市场的配额。这也就导致了碳的价格在各个市场不尽相同，比如目前我国的碳价格基本维持在 1 吨 100 元以下，而欧盟的碳价格却突破了 1 吨 100 欧元（约为 760 元）。

今天你攒了多少绿色能量？

来点小鱼干

　　当前与家庭消费相关的温室气体排放量，约占全球排放总量的 2/3，加快转变公众生活方式是减缓气候变化的必选项。在这样的背景下，我国率先推出了碳普惠制度。碳普惠的本质，就是以生活消费为场景，为公众、社区和中小微企业的绿色减碳行为赋以实际价值的一种激励机制。也就是说，我们的低碳行为，能够用来抵消我们自己的碳排放、参与碳交易，或者转化为其他形式的奖励。

　　碳普惠通过引导民众了解低碳概念，以及减少资源浪费、降低温室气体排放等知识，使民众养成低碳环保的生活方式，再通过消费端带动生产端自愿减排，最终在全社会形成绿色低碳生活、生产方式。

· 第六章 ·

节能减排，
节的是什么能？

　　能，在物理学上叫能量。树木为什么会越长越高？汽车为什么能在街道上奔驰？电器为什么接上电源就能工作？鱼儿为什么能从池塘的这头游到那头？这是因为它们都在不断获取"能量"。能量存在的形式多种多样，比如光能、热能、电能、声能、动能、势能、化学能等。太阳的光能和热能让植物枝繁叶茂，煤炭燃烧释放的热能让蒸汽机运转，风能让风车转动，电能让城市灯火通明。能，在我们的生活中无处不在。

不会凭空消失的能

不同形式的能，是可以相互转化的。内能使我的体温保持稳定。

猫的内能

猫粮中储存的化学能

内能

动能

势能

动能

能不会凭空产生，
也不会凭空消失。

来点小鱼干

　　能量不仅形式多样，而且不同形式的能量之间，是相互关联、转化的。比如，阳光中蕴含的光能被蔬菜吸收后转化成了化学能；人吃下蔬菜，就将蔬菜中的化学能转化成了自身的化学能；之后人的行走、奔跑、跳跃等行为，则是身体释放化学能并将其转化为动能、势能、热能的过程。所以，从表面看，植物消耗光能和热能来成长，人消耗化学能来活动，但其实这些能量并没有凭空消失，只是从一种形式转化成了另一种形式。

能量与能源

能源就是可以产生能量的物质。

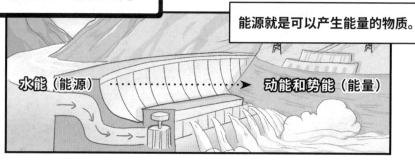

水能（能源）· ➤ 动能和势能（能量）

太阳能（能源）· · · · · · · · · · · · · · · · · · · ➤ 热能和光能（能量）

化石能源：煤炭、石油、天然气 · · · · · · · ➤ 化学能（能量）
（能源）

你在这凑什么热闹？

我给人类提供爱（的能量）。

　　简单来说，能够提供能量的物质叫能源。能源是人类社会正常运转的基石，这是因为，无论在看得见还是看不见的地方，人类每时每刻都在消耗能源。生产衣服，需要消耗能源驱动机器；烹饪食物，需要消耗能源加热；建造楼房，需要消耗能源生产建材；运行飞机、汽车，需要消耗能源提供动力。我们生活中用到的每一样物品，都是在消耗能源的基础上加工制造而来的。目前，人类使用的主要能源是化石能源。

化石能源三兄弟

奶茶小料三兄弟

布丁　珍珠　烧仙草

化石能源三兄弟

煤炭　石油　天然气

　　作为人类使用量最大的能源，化石能源在历史上的大部分时间里都不太起眼。事实上，直到 18 世纪第一次工业革命之后，化石能源才开始规模化地走上历史舞台。在其后 200 多年中，它们迅速成为人类社会经济、技术、文明发展的根本驱动力。可以说，没有化石能源，人类社会便不可能达到今日的科技与文明水平。哪怕在全球变暖问题日趋严重的今天，人类对化石能源的使用也并未停止。

化石能源从哪里来？

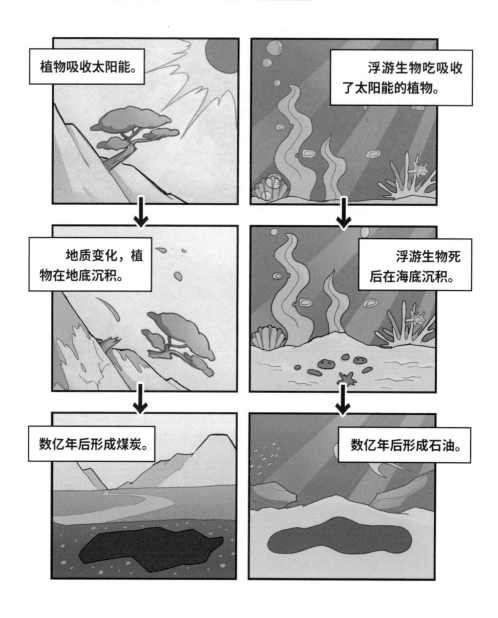

植物吸收太阳能。

浮游生物吃吸收了太阳能的植物。

地质变化，植物在地底沉积。

浮游生物死后在海底沉积。

数亿年后形成煤炭。

数亿年后形成石油。

我们的本质都是太阳能。

　　煤炭是在陆地形成的，植物在漫长的地质作用下，根据生成条件不同而形成不同种类的煤，比如泥煤、褐煤、烟煤、无烟煤等。

　　目前的研究认为，死去的生物体沉积在海底或湖底，在漫长的地质作用下，经过特定细菌分解之后，形成了石油。

　　天然气的形成与石油的形成类似，因此经常与石油伴生存在。

　　植物的生长离不开太阳，而动物的生长需要植物提供能量。所以，从源头上来说，化石能源所蕴含的能量，其实是太阳能在地球上的一种转化形式。

同是化石，命运不同

生活在中生代的恐龙的化石——无价之宝。

形成于古生代的石油——每升9元。

形成于古生代的煤炭——每千克7元。

7元/千克

明明都是化石，怎么待遇天差地别？！

来点小鱼干

煤炭、石油、天然气之所以被称为化石能源，是因为它们的形成年代久远，堪比博物馆中的恐龙化石。但实际上，化石能源的年纪可能比恐龙的还要大。以煤炭为例，目前全球一半以上的煤炭，形成于距今3亿多年的石炭纪，比最早一批恐龙的出现还早了好几千万年。煤炭不仅年代久远，而且还是人类最早利用的化石能源之一。据考古成果显示，在距今7 200多年的遗址中，就已经有了煤炭的踪迹。在我国的汉朝时期，煤炭被用作生活燃料，同时也在冶金锻造业中被使用。

带来光明的煤炭

来点小鱼干

　　作为第一次工业革命的推手，煤炭驱动了世界上第一台蒸汽火车和第一台用蒸汽作为动力的机械化纺纱机，甚至连开采煤矿用的抽水装置，也是靠煤炭提供的能量运转的。时至今日，煤炭依旧是全球能源供给的最主要来源之一，特别是在电力行业。目前，全球电力大约有 40% 来源于燃煤发电，对许多国家来说，燃煤发电仍是最重要的发电形式。但煤炭也是单位碳排放量最高的能源，是最需要被控制使用的对象。所以近年来，许多国家承诺会降低对煤炭的依赖，并在 2030 年或 2040 年前逐步淘汰燃煤发电。

污染从何时开始？

第一次工业革命前

第一次工业革命后

第二次工业革命后

21世纪初

来点小鱼干

　　煤炭是最先被人类发掘和利用的化石燃料。第一次工业革命末期的 1850 年，全球的二氧化碳排放量约为 2 亿吨，几乎全部源于煤炭的使用；2021 年全球因使用化石燃料和工业生产而产生的二氧化碳排放量约为 371 亿吨，其中因使用煤炭导致的达到 150 多亿吨。值得注意的是，煤炭还是二氧化碳排放强度最高的化石能源，即在提供同等能量的情况下，燃烧煤炭会排放最多的二氧化碳。第一次工业革命以来，人为二氧化碳排放量的 1/3 都是由煤炭导致的。

最"脏"的燃料

煤炭在燃烧过程中，不仅会排放二氧化碳，还会排放烟尘和有毒气体。

如果未进行处理就投入使用，会导致严重的大气污染和粉尘污染。

必要的处理不仅能降低环境污染，还能让煤炭的利用效率达到最大。

煤炭至今依旧是推动人类文明进步的主要推手。

阿嚏

来点小鱼干

　　煤炭不仅是世界上最古老的工业能源之一，同时也是世界上最"脏"的燃料。它的单位碳排放强度在三种化石燃料中是最高的，并且在燃烧过程中，煤炭还会向大气排放烟尘颗粒物、二氧化硫、氮氧化物等有害物质，对人类健康产生严重影响。所以在使用煤炭前，必须先对煤炭进行包括洗选、脱硫、脱硝等处理；煤炭燃烧后的废气也不可直接排放，需要进行必要的净化处理。1930年比利时马斯河谷烟雾事件和1952年英国伦敦烟雾事件，都是在无环保措施下大规模使用煤炭造成的严重大气污染公害的历史事件。

来点小鱼干

　　1952 年的伦敦是一座名副其实的工业城市，随处可见的烟囱不断地向大气排放燃煤废气。适逢冬季，城区的百万居民也靠燃煤取暖，这是当时伦敦空气污染的另一个主要来源。在污染源"充足"的条件下，天气也"给力"，连续几天的无风和低空逆温层等不利的气象条件，最终导致了伦敦被浓厚的烟雾笼罩。伦敦烟雾事件直接和间接造成了 12 000 人丧生。这次事件推动了英国环境保护立法的进程，出台的环境保护措施包括推动家庭转用天然气取暖、火电厂从大城市迁出等。1956 年，英国国会通过了第一部全国通行的空气污染防治法——《清洁空气法案》。

石油的崛起

蒸汽机是第一次工业革命的代表性产物。它的出现带动了采煤业的发展。

第二次工业革命诞生了内燃机。石油取代煤炭，成为世界新一代能源主体。

我扮演完煤炭又得扮演石油啊？

来点小鱼干

　　与煤炭一样，石油也是人类很早就发现并使用的化石燃料之一。我国从汉代起，就发现石油可以作为燃料使用。"石油"这个名称是北宋科学家沈括在《梦溪笔谈》中首次提出的。但在相当长的一段时间内，人类使用的能源依然是柴火和煤炭。石油的崛起始于 1859 年，人们在美国宾夕法尼亚州打出了世界上第一口采油井，石油工业由此发端。100 多年后的 20 世纪 60 年代，石油超过煤炭，成为人类消耗量最大的化石能源。

无处不在的石油

你们煤炭基本用来烧，你瞧我，

除了用来烧，还可以用来制造地毯、靠垫、椅子。

我来了！

来点小鱼干

　　第二次工业革命后，由于内燃机的发明，石油作为燃料开始被大量使用。石油冶炼行业在 20 世纪得到了大规模发展，石油化工也迎来了大繁荣时代。有人形容石油是工业的血液、煤炭是工业的粮食。但你知道吗？石油的作用可比煤炭的大多了。煤炭主要用于燃烧，石油除了可以作为燃料，还可以通过加工、提取等工艺，做成塑料、橡胶、油漆，甚至药品。我们常吃的口香糖之所以百嚼不烂，就是因为里面加了胶基，而胶基的主要成分则与石油有关。可以说，我们每天的衣食住行中到处都有石油的身影。

会 "吃" 石油的细菌

石油泄漏对环境和生物造成的危害很大，还好有我们噬油菌。一物降一物！

我们专门分解石油，还不会对海洋生物造成危害。

如果噬油菌可以把所有泄漏的石油"吃掉"就好了。

好是好……

但有一个问题。

来点小鱼干

与煤炭一样，石油在燃烧后也会产生有害气体污染环境。除此之外，石油在开采、装卸、运输、加工和使用过程中，还可能会泄漏，引起污染。石油泄漏给土地和海洋带来的伤害是不可估量的。幸运的是，人类发现了一种可以"吃掉"石油的细菌——噬油菌，它能将石油分解、消化，变成无害的有机物。到目前为止，用噬油菌治理石油泄漏引起的污染，是一种最安全且不会对环境产生二次污染的方法。它既不会对鱼虾等海洋生物造成危害，也不会产生其他有害的副作用。不过，当今世界石油泄漏的速度已经远远超出了噬油菌群的分解能力。解决石油泄漏引起的污染问题，只靠噬油菌是远远不够的。

化石能源中最清洁的小弟

人类真是时刻都在排放碳，连洗个澡都是。

我洗澡用的是天然气——化石能源中碳排放量最低。如果要把等量的水加热到同样的温度，使用煤炭产生的碳排放量可是使用天然气的2倍多。

天然气中的杂质少，燃烧产物除了二氧化碳就是水。而煤炭和石油中都含有硫杂质……

（天然气的好处两三句话可说不完。）

说了那么多，还是我最低碳。

　　天然气是蕴藏在地下的可燃气体，主要存在于油田及天然气田中。很早以前，人类就认识并开采天然气了，我国古人将天然气井称为"火井"，只不过由于知识有限，一度认为这种地下蹿出来的火是神灵的功劳。我国古代对天然气的利用与盐业有着紧密的联系——古人在穿凿盐井时，也凿透了天然气的储气层，他们利用天然气煮盐卤，制食盐。与煤炭和石油比起来，天然气造成的碳排放和污染都相对较小，因此天然气成为一些国家用来实现阶段性脱碳的手段——在同等能量产出的情况下，天然气直接燃烧排放的二氧化碳量较少。但这种脱碳是相对的，即使把煤炭全部换成天然气，二氧化碳的排放量也只是下降大约一半，并不是完全没有碳排放。

文明的脚步与污染

来点小鱼干

在我们的衣食住行中，到处都是化石能源的身影，但它们并不总是以单一的能源形象出现。印刷书籍的油墨、制作衣物的聚酯纤维、铺路的沥青、外卖盒、塑料袋、鼠标和圆珠笔……在这些物品的制造过程中都有对化石能源的利用。可以说，没有对化石能源的持续开采和大规模应用，就没有今天人类文明的蓬勃发展。但是，我们也必须看到，利用化石能源造成的污染，对地球生态的破坏是巨大的。并且，除了污染，化石能源还有一个致命的缺点——不可再生。

迟早被用完的化石能源

人类平均寿命 = 77岁

猫的平均寿命 = 15岁

煤炭的形成时间 = 11万只猫平均寿命的总和

注：以形成期距今最近（约160万年前）的煤炭的时间计算。

= 2.1万人平均寿命的总和

　　煤炭、石油、天然气，这些化石能源需要经过数千万年甚至上亿年的积淀才能形成，因此整个地球上的化石能源是用一点少一点，总有一天会被用完的。像这种短期内无法恢复、随着人类的使用存储量越来越少的能源，我们称之为"不可再生能源"。当然，这里的"不可再生"是相对于人类寿命而言的。

　　与之相对的，那些消耗后可以恢复、补充，取之不尽、用之不竭的能源，被称为"可再生能源"。可再生能源包括太阳能、风能、生物质能、潮汐能等。这些能源不仅用不完，而且在使用过程中排放的碳也很少，甚至是零碳排放。它们都是如何为人类提供能量的？它们有可能成为化石能源的替代品吗？在下册书中你会获知答案。

我国在碳中和方面的重要地位

我国风力发电能力全球第一，风电装机容量约占全球的40%。

太阳能发电能力全球第一，太阳能装机容量约占全球的37%。

制氢量全球第一，约占全球总产量的35%。

加氢站数量全球第一，约占全球的38%。

人工造林面积世界第一。

　　我国一直处于经济高速发展时期，发展模式高度依赖能源消耗，温室气体的排放问题不容忽视。我国在应对全球气候变化的议题上，一直表现出高度负责的大国担当。我国提出，力争 2030 年前实现碳达峰、2060 年前实现碳中和。从实现碳达峰到实现碳中和，我们给自己设定的期限仅为 30 年。对比那些在 21 世纪初甚至 20 世纪 80 年代就实现碳达峰的发达国家（它们有 50 年至 70 年的时间去实现碳中和），我国要实现碳中和面临减排时间短、减排任务重的双重压力，这无疑是一个巨大的挑战。

这一册结束啦！

辛辛苦苦做科普演示才给这点回报？你给其他猫咪吃好了。

感谢阅读
我们下册再见